NOUVELLES EXPÉRIENCES PRATIQUES D'APICULTURE

PAR

GEORGES DE LAYENS

LAURÉAT DE L'INSTITUT (ACADÉMIE DES SCIENCES)
PRESIDENT DE LA FÉDÉRATION DES SOCIÉTÉS FRANÇAISES D'APICULTURE

Avec figures dans le texte

Prix : 0 fr. 60

PARIS
EXTRAIT DU *JOURNAL DES INSTITUTEURS*
PAUL DUPONT, Éditeur
4, RUE DU BOULOI, 4
1892

NOUVELLES

EXPÉRIENCES PRATIQUES D'APICULTURE

Par Georges de LAYENS

I

EXPÉRIENCES PROUVANT QU'ON DOIT FAIRE CONSTRUIRE DE LA CIRE AUX ABEILLES

Parmi les erreurs qu'on trouve dans les traités d'apiculture allemands et que les auteurs apicoles de différents pays ont généralement reproduites sans rien contrôler, la question de savoir s'il est ou non avantageux pour l'apiculteur de faire faire de la cire par les abeilles reste encore pendante.

Les auteurs allemands disent « non » en se fondant sur une expérience de Berlepsch où les abeilles ont été renfermées en espace clos, sans pouvoir sortir; nos vieux praticiens français, par une longue observation du travail des ruches disent au contraire « oui ».

D'après l'expérience de Berlepsch, qui est devenue une sorte d'article de foi, il faut aux abeilles environ 12 livres de miel pour fabriquer 1 livre de cire; de là, perte pour l'apiculteur s'il fait travailler ses abeilles en cire. On fit tant de bruit autour de cette expérience qu'elle devint bientôt la base d'une nouvelle culture, consistant à empêcher constamment les abeilles de construire de la cire, en leur fournissant toujours des rayons tout construits d'avance.

Cette célèbre expérience, et plusieurs autres sur l'hivernage, la soif, le chauffage des ruches en hiver, etc., etc., n'ont pas tardé à amener dans la culture des abeilles de profondes modifications, qui se sont traduites en Prusse, par exemple, d'après la statistique officielle, de 1873 à 1883 par une diminution dans le nombre des ruches : Cette diminution a été de 227.824. Heureusement, des apiculteurs de mérite, en Allemagne aussi bien que dans d'autres pays, ont fini par reconnaître qu'il est préférable de laisser tout simplement les abeilles tranquilles, que de les torturer perpétuellement.

Comme j'ai toujours eu plus de confiance dans la pratique de ceux qui ont gagné de l'argent avec leurs abeilles que dans les théories de ceux qui en ont perdu, j'ai cru utile, dans l'intérêt de nos jeunes apiculteurs français, de faire quelques nouvelles expériences pratiques sur le sujet important qui nous occupe.

En 1886, je fis une première expérience, non pas comme Berlepsch, en enfermant les abeilles, mais au rucher en leur laissant toute liberté d'aller travailler au dehors comme à l'ordinaire. Il me paraît inutile d'entrer ici dans les détails de cette expérience, qui a été reproduite par les journaux apicoles. Au lieu de 12 livres de miel consommé pour une livre de cire fabriquée, comme l'avait trouvé Berlepsch, j'ai trouvé qu'il fallait seulement un poids de 6,3 de miel pour produire 1 livre de cire. Vers la même époque, M. Viallon, apiculteur américain, trouvait aussi, en laissant les abeilles travailler en liberté, 6 à 8 livres de miel consommé pour 1 livre de cire fabriquée. Ces deux expériences prouvent déjà que Berlepsch avait opéré dans des conditions défectueuses.

En réfléchissant à mes expériences, j'ai reconnu que, malgré toute la liberté donnée aux abeilles, elles ont été fautives en un point important. J'avais en effet forcé les abeilles à travailler en cire à une époque fixée par moi; or, rien ne prouvait que cette époque fût celle que les abeilles auraient choisi elles-mêmes pour travailler en cire le plus économiquement possible.

En effet, tous nos vieux praticiens d'expérience disent que, sous l'influence de l'humidité, de la chaleur, de l'abondance plus ou moins grande du pollen à certaines époques de l'année, le travail en cire avance plus ou moins vite et se fait plus ou moins économiquement.

Dès lors, le but que je me suis proposé n'a plus été de trouver la quantité de miel que les abeilles dépensent pour fabriquer la cire ; mais de rechercher simplement s'il y a gain ou perte pour l'apiculteur lorsqu'il laisse les abeilles travailler en cire et lorsqu'il leur permet de bâtir à l'époque de l'année qui leur convient le mieux.

Il ne s'agit pas, pour le praticien, de rechercher si, au point de vue physiologique, une abeille doit consommer tant de miel pour que les glandes cirières produisent tant de cire, question délicate et qui, sans doute, ne peut pas se résoudre par un chiffre. Il s'agit, pour l'apiculteur, de savoir si les abeilles pouvant construire des rayons, la colonie rapportera une récolte totale (cire et miel) supérieure à la récolte de la même ruche où l'on empêcherait les abeilles de construire.

Toute la question pratique est là et rien que là.

1° Méthode d'expérimentation.

1° Dans une expérience de cette importance, le premier élément de succès est d'opérer, non comme on l'a fait jusqu'ici sur une ou deux colonies, mais sur un certain nombre.

J'ai choisi dans le rucher les 18 meilleures colonies qui toutes avaient parfaitement hiverné, d'après la méthode indiquée plus loin. (Voyez légende de la figure 2, p. 9.) Il n'y avait que très peu d'abeilles mortes sur les plateaux et non seulement les rayons étaient secs, mais leur couleur indiquait qu'aucune buée humide ne s'y était déposée. Toutes les colonies possédaient du couvain en masse compacte ou régulièrement disposé en couronne;

2° Toutes les colonies ont été visitées, et j'ai noté, sur chacune d'elles, le miel qu'elles contenaient encore;

3° Dans chaque ruche, j'ai mesuré aussi exactement que possible la surface de couvain que chaque rayon occupait. En additionnant ces différentes surfaces, j'ai obtenu ainsi le total de couvain contenu dans chaque ruche;

4° J'ai alors divisé les 18 colonies en deux lots, de manière à ce que la quantité de couvain contenu dans chacun des deux lots de 9 colonies soit aussi égale que possible;

5° On estimait, soit au printemps, soit au moment de la récolte, le miel contenu dans les rayons au moyen du poids total du rayon et de la surface occupée par le miel. L'estimation se faisait exactement de la même manière pour les deux lots;

6° Dans le 1er lot, chaque ruche reçut trois ou quatre cadres vides suivant la force des colonies; ces cadres étaient placés, entre des rayons contenant plus ou moins de miel, à l'extrémité de la ruche opposée à celle où se trouvait, au printemps, le couvain et les abeilles. (Voyez figure 3, p. 9.) Dans le 2e lot, les ruches furent entièrement remplies de rayons. Les ruches en expériences étaient toutes de même forme horizontale et de même grandeur;

7° Afin de ne pas causer de perturbations inégales dans les ruches, ce qui aurait pu provoquer une dépense inégale dans les colonies, elles ont chaque fois été toutes visitées dans la même journée;

8° Les ruches des deux lots contenaient (*point des plus importants dans l'expérience*) un nombre de rayons suffisant pour que, pendant toute la saison, la ponte ne puisse être interrompue faute de place ni la récolte entravée faute de rayons pour la recevoir. Du reste, la saison ayant été peu mellifère, les abeilles et la reine ont eu toute l'année trop d'espace soit pour la récolte, soit pour la ponte.

2° Expérience.

Le 15 avril, les colonies ont été visitées et divisées en deux lots.

Le 1er lot, celui dont les abeilles pouvaient construire des rayons contenait 6.730 centimètres carrés de couvain.

Le 2e lot, celui dont les abeilles ne pouvaient pas construire de rayons, contenait 6.766 centimètres carrés de couvain.

Le 1er lot contenait 118 livres de miel operculé.

Le 2e lot contenait 121 livres de miel operculé.

Aucune colonie ne fut nourrie; on se contenta, par des échanges de rayons de miel, de donner à chaque colonie d'autant plus de miel qu'elle avait plus de couvain; de cette façon, on n'était pas obligé plus tard de faire d'autres échanges de rayons de miel ou de nourrir certaines colonies, ce qui aurait beaucoup compliqué l'expérience.

Le 30 mai, on visita toutes les ruches; dans chaque lot, il ne restait plus qu'une petite quantité de vieux miel, mais toutes les ruches contenaient déjà plus ou moins de miel nouveau.

Il est utile de faire remarquer que pendant la floraison des arbres fruitiers, les abeilles récoltèrent du miel pendant une semaine de belles journées.

Dans le courant de mai, toutes les ruches du 1er lot avaient déjà commencé à construire plusieurs rayons, et chacune avait bâti en proportion de la force des colonies; à cette époque, il y avait déjà des colonies dont plus de la moitié des rayons étaient construits; en général, les rayons étaient édifiés en cellules d'ouvrières.

A cette époque, la saison ayant été extrêmement tardive, on était encore loin de la grande miellée qui commença au moins trois semaines plus tard que de coutume.

Les abeilles construisirent donc de nouveaux rayons, sans que le besoin s'en fasse sentir soit par le manque de place pour la ponte, soit par le manque de place pour la récolte. Il semble tout aussi inutile de chercher la cause de ce fait que celle de la récolte de miel presque indéfinie que font les abeilles dans une bonne année. Elles construisent d'avance trop de rayons de cire quand elles le peuvent, de même qu'avant l'hiver elles récoltent, lorsque cela leur est possible, trop de miel pour leurs provisions d'hiver.

A partir du 30 mai, on ne toucha plus au rucher jusqu'à la fin de la saison; une seule ruche (1er lot) donna un essaim dont le produit en miel fut ajouté au total du miel récolté par ce lot. Vers le 15 septembre, époque de la récolte, on détermina la quantité de miel contenue dans chaque ruche. On put constater alors que tous les rayons étaient construits dans toutes les ruches; dans le bas, mais une partie des rayons était bâtie en cellules de mâles, et, dans certains de ces rayons, on reconnaissait qu'il y avait eu du couvain de mâles, mais jamais de couvain dans les rayons d'ouvrières.

Le 1er lot, celui qui avait bâti des rayons, contenait 457 livres de miel.

Le 2e lot, celui qui n'avait pas construit de rayons, contenait 455 livres de miel.

Pour évaluer plus exactement le profit ou la perte de l'apiculteur dans cette opération, il était nécessaire d'ajouter le miel de réserve qui existait déjà dans chaque lot au début de la saison et qui avait contribué aussi à la production de la cire bien avant l'époque de la grande récolte.

Résultat définitif.

1er lot. (Ruches ayant à construire)......	Miel nouveau.......	457 livres.
—	Miel ancien.........	118 —
	Total.....	575 livres.
2e lot. (Ruches n'ayant pas à construire).	Miel nouveau.......	455 livres.
—	Miel ancien.........	121 —
	Total.....	576 livres.

Il résulte en définitive des nombres précédents que dans cette expérience pratique, la récolte de miel est sensiblement la même, dans chaque lot, mais qu'il y a eu en plus dans le 1er lot la fabrication par les abeilles de 31 *rayons de cire*. Il y a donc pour l'apiculteur bénéfice à faire travailler en cire ses abeilles en les plaçant dans les conditions réalisées dans l'expérience précédente.

Les abeilles du 1er lot n'ont pas dépensé de miel en apparence pour fabriquer la cire de 31 rayons, mais, en réalité, elles ont pu en consommer beaucoup et ce miel consommé est représenté par un surplus de récolte qui correspond à une plus grande somme de travail déployé par les abeilles qui bâtissent.

Parmi les observations ou expériences qui sont entièrement d'accord avec le résultat précédent, je me bornerai à citer ce qui suit. L'abbé Delépine, aussi bon praticien qu'excellent observateur, dit dans son ouvrage : « Etant données deux ruches de même force et deux hausses de même capacité, l'une garnie de feuilles gaufrées, l'autre de rayons vidés à l'extracteur, laquelle sera remplie la première ? *A priori*, il semble que la seconde devra être en avance sur la première, les abeilles n'ayant en réalité qu'à remplir les alvéoles de miel et à les cacheter ; les expériences que j'ai faites avec le plus grand soin m'ont cependant donné un résultat contraire. » Donc, si les abeilles qui construisaient des rayons sur feuilles gaufrées ont terminé leur récolte avant celles qui n'avaient pas de rayons à construire, c'est évidemment parce que, pendant cette même période de temps, elles ont déployé une plus grande activité et par suite récolté plus de miel.

Peu importe du reste à l'apiculteur quelle est la quantité de miel qu'une abeille consomme en telle ou telle circonstance pour fabriquer un poids donné de cire.

Il y a avantage, toutes choses égales d'ailleurs, à permettre aux abeilles de construire; tel est le seul résultat qui intéresse le praticien. Le reste est une question physiologique des plus compliquées dont la solution est sans intérêt pour la récolte. Le nombre des rayons à bâtir variera suivant la force des colonies et il est évident que les abeilles pourront très souvent en construire un plus grand nombre que dans l'exemple précédent.

3° Règles pratiques à suivre.

1° Pour préparer les cadres à faire bâtir par les abeilles, il est indispensable de coller de petites bandes de vieux rayons, sous la traverse supérieure des cadres, afin de forcer les abeilles à commencer leurs constructions d'une manière régulière. C'est ce que représente la figure 1. (Je recommande particulièrement la colle forte comme étant la meilleure pour fixer les bandes de rayons aux cadres.)

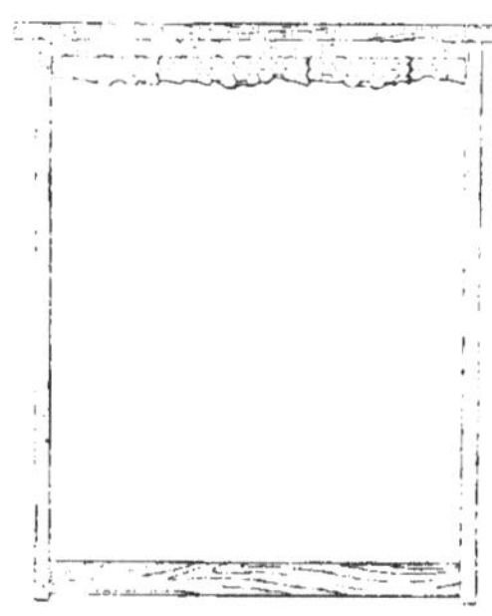

Fig. 1. Cadre amorcé en haut avec des fragments de vieux rayons.

2° Lors de la première visite du printemps, qui ne devra pas être faite avant que les abeilles aient travaillé activement pendant une dizaine de jours, on placera tous les rayons de couvain dans le même ordre que celui où ils sont, à une extrémité de la ruche, de manière à ce que tous ensemble soient situés entre deux rayons contenant un peu de miel.

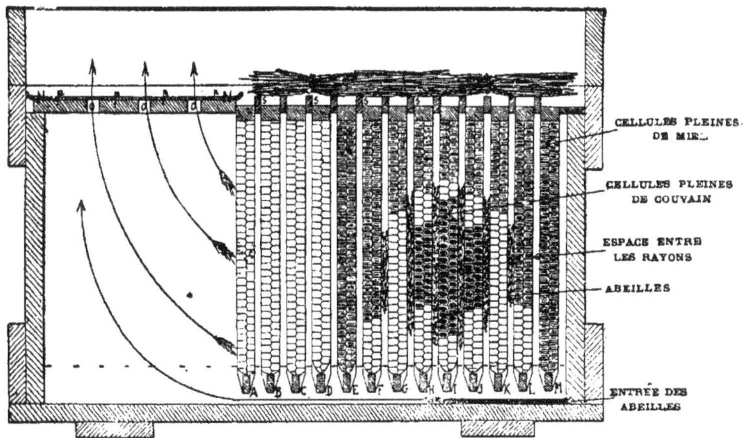

FIG. 2. — *Ruche avant la visite du printemps.* — Dans cette coupe de la ruche à la fin de l'hivernage, on voit les cellules pleines de couvain entourées par les abeilles, qui sont elles-mêmes entourées par le miel. Les rayons vides A, B, C, D servent à protéger la colonie pendant l'hiver. L'air se renouvelle et entraîne avec lui l'humidité venant par l'entrée, suivant la direction des flèches et en sortant à travers la couverture N N par les espaces *o o o*, situés entre les planchettes *p p p*. (La moitié de l'un des rayons H est représentée en perspective par la figure 4.)

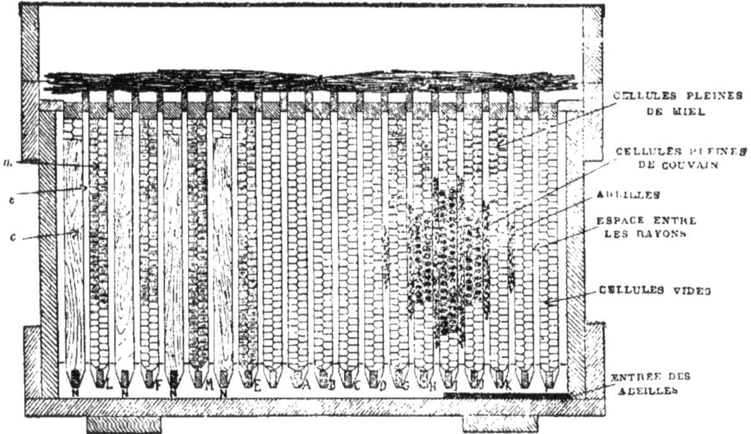

FIG. 3. — *La même ruche après la visite du printemps.* — Cette coupe de la ruche représente la disposition qu'on donne aux cadres à la visite du printemps. Le couvain, les abeilles et les rayons G, H, I, J, K sont restés à la même place. Les 4 rayons de miel L, F, M, E (comparez avec la figure 2), ont été retirés et placés dans l'espace, vide à gauche, en les intercalant entre des cadres amorcés en haut N N N N (voyez figure 1). Tout le reste a été rempli avec des rayons vides.

m, cellules pleines de miel; *e*, espace entre les rayons; *c*, l'un des cadres vides, amorcé en haut.

Ces deux rayons sont les planches de partition naturelles qui protègent le couvain.

A l'autre extrémité de la ruche, suivant la force des colonies, on intercalera 3 à 5 cadres à construire chacun entre deux rayons contenant plus ou moins de miel; de cette façon, les abeilles bâtiront leurs rayons toujours droit, et les jeunes abeilles cirières seront attirées dans cette partie de la ruche où il y a du miel de réserve qu'elles transporteront peu à peu vers le centre du couvain

3° Tout l'espace qui restera au milieu, entre le couvain d'une part et les cadres à construire de l'autre, sera rempli de rayons vides *complètement construits.*

Il est essentiel de placer à la fois dans les ruches tous les cadres à construire, parce que les abeilles commencent à bâtir sur plusieurs cadres à la fois, dès qu'au printemps il se rencontre quelques jours de chaleur qui coïncident avec l'abondance du pollen dans les fleurs. J'ai souvent remarqué que la quantité de rayons construits par les abeilles pendant le même temps est plus grande lorsqu'elles peuvent bâtir dans plusieurs cadres à la fois que si pendant ce même temps, on les force à ne construire que dans un seul cadre; ceci tient à ce que la partie supérieure de la ruche est la plus chaude.

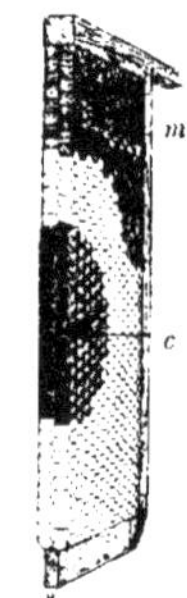

FIG. 4. — Un des cadres de la ruche (cadre II), coupé par le milieu et vu en perspective : *m*, cellules pleines de miel; *c*, cellules pleines de couvain.

4° Les ruches de 20 cadres ne seront pas trop grandes dans les régions assez mellifères; mais, dans les pays très mellifères, on ne devra pas hésiter à avoir des ruches horizontales de 24 à 26 cadres.

5° La méthode précédente sera appliquée à toutes les colonies quelles que soient leur force et la quantité du couvain qu'elles contiennent.

Toute colonie qui possède du couvain operculé en masse serrée ou en couronne compacte et dont les abielles sont actives, est dans de bonnes conditions au printemps.

Quant à supposer qu'une petite colonie se développera plus vite au printemps si on ne lui donne qu'une quantité de rayons proportionnée à sa force, c'est une erreur complète. Des expériences précises ont été faites à ce sujet par M. Gaston Bonnier, à propos de l'inutilité des planches de partition. (Voir page 17.)

6° Si à l'automne précédent, on a eu soin de laisser aux abeilles de fortes provisions d'hiver, 18 à 20 kilogrammes, on n'aura plus à s'occuper des abeilles jusqu'au moment où l'on désire récolter le miel.

7° Au moment de la récolte, on devra commencer par récolter les rayons nouvellement bâtis, après en avoir extrait le miel et après avoir fait nettoyer les rayons par les abeilles, on supprimera de ces rayons toutes les parties de la cire qui contiennent des cellules de mâles. Cette cire sera fondue et échangée contre des feuilles gaufrées, dont on n'aura donc plus qu'à payer la façon.

4° Exemple de l'application des règles précédentes.

Afin de faire facilement comprendre l'arrangement des cadres au printemps dans une ruche horizontale, j'ai représenté dans la figure 2 une ruche en hivernage, coupée dans le sens de sa longueur; la figure 4 représente un des rayons H également coupé en deux.

La figure 3, mise en regard de la figure 2, fait voir quelle est la disposition à donner aux cadres dans cette ruche à la visite du printemps.

En comparant les figures 2 et 3 et à l'aide de leurs légendes, on comprendra facilement comment s'appliquent à cet exemple les règles pratiques énoncées plus haut.

Nota. — Je dois faire remarquer que ces règles ne me paraissent pas applicables aux ruches qui ne peuvent contenir qu'un petit nombre de cadres. Supposons par exemple qu'on n'ait une ruche de dix ou douze cadres; il ne serait pas possible à la sortie de l'hiver d'intercaler quatre ou cinq cadres vides entre les rayons, car il en résulterait de nombreux inconvénients dont le moindre serait que la reine rencontrerait sur sa route des espaces vides qui arrêteraient sa ponte. D'autre part, intercaler des cadres vides entre les rayons de couvain serait la faute la plus grave que l'on pourrait commettre. Il ne serait pas non plus possible de faire construire des rayons dans des hausses, puisque les hausses ne peuvent se placer qu'au moment de la récolte et si l'on faisait bâtir à ce moment dans la hausse on perdrait beaucoup de miel. On ne doit pas oublier d'ailleurs que c'est toujours la méthode qui doit faire adopter telle ou telle ruche, et jamais la ruche qui doit faire adopter telle ou telle méthode.

5° Utilité des feuilles de cire gaufrée.

D'après les expériences précédentes où l'on voit qu'il est avantageux de faire construire complètement des rayons sans cire gaufrée, les apiculteurs débutants pourraient supposer que les feuilles de cire gaufrée ne seront plus dorénavant d'aucune utilité, puisque les abeilles peuvent construire de la cire économiquement. Il n'en est rien cependant, car nous avons supposé dans l'exemple précédent que l'apiculteur avait en réserve un nombre suffisant de rayons construits; mais pour faire rapidement construire de nouveaux rayons, indépendamment des rayons amorcés, la cire gaufrée sera toujours très utile; je vais le montrer par un exemple.

Supposons deux colonies que l'on agrandit au printemps, l'une à l'aide de cadres simplement amorcés par quelques bandes de vieux rayons collés sous la traverse supérieure des cadres ; l'autre avec des cadres contenant des feuilles de cire gaufrée. A la fin de la saison on aura obtenu le résultat suivant :

Première ruche agrandie à l'aide de cadres amorcés :

1° Les abeilles auront construit beaucoup trop de rayons de mâles, de là une ponte de mâles trop abondante et par suite une perte de miel ;

2° Les abeilles n'auront pas eu le temps, avant la grande récolte, de construire assez de rayons pour emmagasiner tout le miel ; de là perte d'une partie de la récolte faute de place ;

3° Les abeilles, au moment de la grande récolte, n'ayant pas assez de place faute d'un nombre suffisant de rayons, rempliront de miel toutes les cellules libres ; de là arrêt dans la ponte et très souvent les abeilles essaimeront naturellement, ce que l'on désire éviter avant tout afin d'obtenir le plus de miel possible.

Deuxième ruche agrandie à l'aide de cadres contenant des feuilles de cire gaufrée :

1° Les abeilles auront construit beaucoup de cellules d'ouvrières sur les feuilles gaufrées, de là peu de mâles ;

2° Les abeilles construiront très rapidement sur les feuilles gaufrées ; elles auront ainsi, au moins en partie, pendant la grande récolte, l'espace nécessaire pour emmagasiner leur miel.

Les rayons gaufrés seront donc toujours de la plus grande utilité mais coûteront beaucoup moins qu'auparavant, l'apiculteur n'ayant plus à débourser que le prix de fabrication, et le fabricant y gagnera aussi, parce qu'il en vendra beaucoup plus.

Conclusions.

Donc, en résumé :

Pour obtenir en même temps, peu d'essaims, le maximum de miel et de la cire nouvelle, il faut une grande ruche horizontale pouvant contenir à la fois assez de rayons pour que la ponte de la reine ne puisse être arrêtée faute de place, assez de rayons pour emmagasiner tout le miel récolté, et enfin des cadres vides pour permettre aux jeunes abeilles de construire de nouveaux rayons à l'époque qu'elles choisiront de préférence pour s'occuper de ce travail.

II

EXPÉRIENCES SUR L'INUTILITÉ DE LA RÉUNION DES RUCHES AU PRINTEMPS

On recommande comme une bonne pratique, dans la plupart des traités d'apiculture, de réunir entre elles les ruches faibles au printemps.

J'ai voulu voir, à l'aide d'expériences précises, si cette pratique était toujours nécessaire, car souvent on affirme que deux colonies réunies au printemps rapportent plus que si elles étaient séparées.

Près de chez moi se trouve un rucher composé d'environ trente colonies en ruches vulgaires. Ce rucher n'est conduit par aucune méthode, on se contente de recueillir les essaims et jamais on ne fait de réunions. Il y a quinze ans que je suis attentivement le travail de ces abeilles pour ainsi dire à l'état sauvage, et très souvent j'ai remarqué à la sortie de l'hiver des colonies très faibles qui, à la fin de l'année étaient devenues aussi lourdes que les meilleures du rucher. Donc, si on avait réuni entre elles deux de ces ruches faibles, on aurait eu en moins, à la fin de la saison, une ruche pleine de miel.

Afin de résoudre cette question par des faits, j'ai opéré deux années par des méthodes différentes, non pas sur quelques colonies isolées, mais sur un rucher entier, en en exceptant quelques ruches qui ont essaimé :

1° En comparant au poids du miel trouvé à l'automne la surface de couvain que chaque colonie avait au printemps;

2° En comparant, au printemps et à l'automne, le volume du groupe d'abeilles dans chaque colonie, à la même température.

Première méthode. — Au printemps, lors de la visite des ruches, j'ai mesuré la surface de couvain contenu dans chaque colonie afin de comparer leur force productive; aucune colonie du rucher n'a été réunie à d'autres; toutes les ruches ont été, comme à l'ordinaire, remplies de rayons, et je ne m'occupai plus du rucher jusqu'à l'époque de la récolte de miel qui fut faite à la fin de septembre.

A cette époque, je calculai le poids du miel contenu dans chaque colonie.

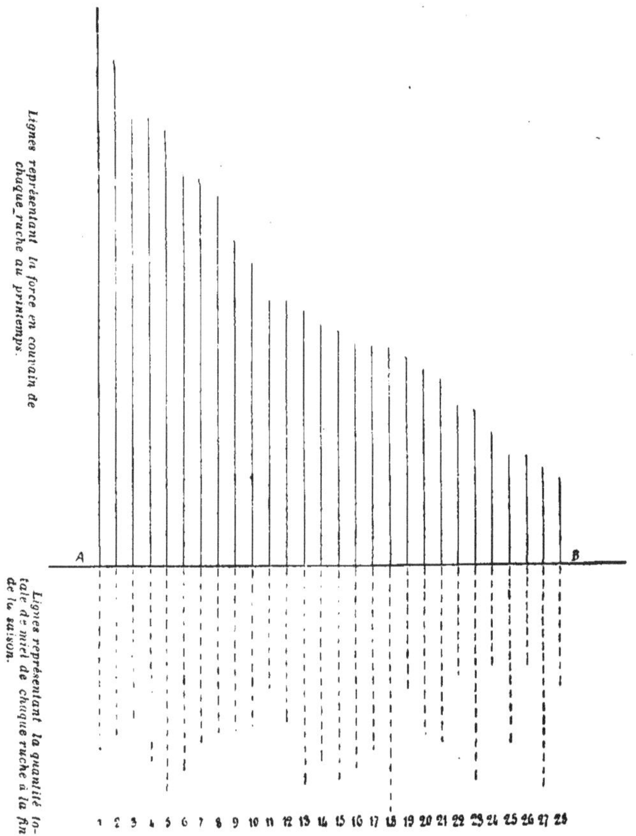

FIG. 5. — *Comparaison de la force relative de 28 ruches d'un rucher au commencement et à la fin de la saison.* — Les lignes verticales situées au-dessus de la ligne horizontale A B sont proportionnelles à la surface du couvain de chaque ruche au printemps. Les lignes pointillées verticales situées au-dessous de A B sont proportionnelles à la quantité totale de miel trouvée à la fin de la saison dans chacune des mêmes ruches. — On voit que, d'une manière générale, la récolte des ruches n'est pas en rapport avec leur force au printemps.

La figure 5 met en regard la force relative des ruches au printemps, et la quantité totale de miel trouvé dans les ruches à la fin de la saison.

La force relative des ruches au printemps, mesurée par la surface de couvain, est représentée par une suite de lignes verticales en traits pleins situés au-dessus de la ligne horizontale A B. Chaque ligne correspond à une ruche et est d'une longueur proportionnée à sa force. On a disposé ces lignes par ordre de grandeur en commençant à gauche par la plus grande, correspondant à la ruche la plus forte en couvain, et en terminant par la plus courte, correspondant à la ruche la moins forte.

La quantité totale de miel trouvé dans les ruches à la fin de la saison est représentée par une suite de lignes pointillées situées au-dessous

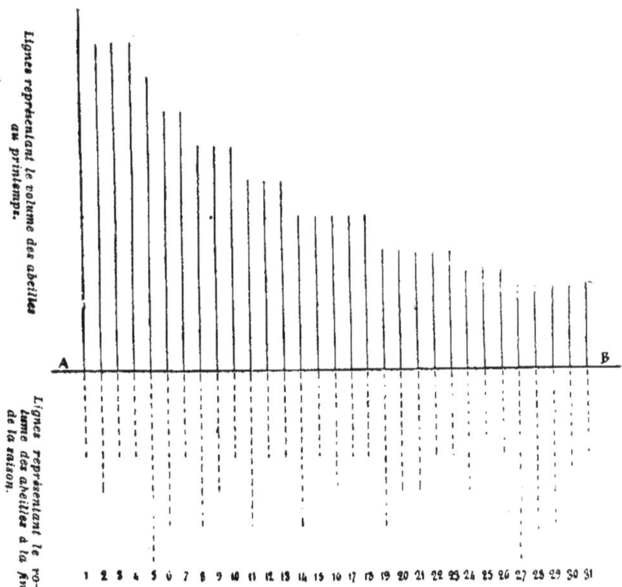

FIG. 6. — *Comparaison de la force relative de 31 ruches d'un rucher au commencement et à la fin de la saison.* — Les lignes verticales situées au-dessus de la ligne horizontale A B sont proportionnelles au volume du groupe d'abeilles de chaque ruche au printemps. Les lignes pointillées verticales situées au-dessous de la ligne A B sont proportionnelles au volume du groupe d'abeilles dans chacune des mêmes ruches à la même température. — On voit que, d'une manière générale, le volume des groupes d'abeilles à la fin de la saison n'est pas en rapport avec le volume des mêmes colonies au printemps.

des premières qui sont chacune proportionnées à la quantité totale de miel récolté.

Il suffit de jeter un coup d'œil sur la figure 5 pour être frappé de la manière dont la récolte s'égalise et devient presque aussi forte dans l'ensemble des ruches les plus faibles au printemps, que dans l'ensemble des ruches les plus fortes à la même époque.

Ainsi, par exemple, la colonie n° 27, qui était au printemps environ sept fois plus faible que la ruche n° 1, s'est trouvée à la fin de la saison avoir récolté environ 1/6 en plus que le n° 1.

De même, le n° 19, plus de deux fois plus faible au printemps que le n° 5, a donné une récolte qui se rapproche du double de celle du n° 5.

D'ailleurs, il est inutile de citer un plus grand nombre d'exemples, le tableau rend compte de tous les résultats de ces observations.

En résumé, si l'on compare les 14 ruches les plus fortes au printemps (1 à 14), au 14 ruches les plus faibles à la même époque (15 à 28), on trouve que les secondes ont récolté à peu près la même quantité de miel que les premières.

Seconde méthode. — Dans une autre série d'expériences (figure 6), j'ai opéré d'une manière différente; je n'ai plus comparé la force des colonies en couvain au printemps, à la récolte de ces mêmes colonies; j'ai comparé la force en abeilles des colonies au printemps, à la force en abeilles de ces mêmes colonies à l'automne.

Les lignes pleines placées au-dessus de la ligne A B (figure 6) représentent dans leur ordre de force pour 31 colonies, le volume occupé par les abeilles au printemps; les lignes pointillées situées au-dessous de la ligne horizontale représentent le volume d'abeilles de ces mêmes colonies, à la fin de la saison. Mais on sait que le groupe d'abeilles se dilate plus ou moins par la chaleur; il était donc nécessaire de les comparer à la même température, j'ai opéré dans les deux cas par 10° de température.

Il suffit de considérer la figure 6 pour reconnaître que les résultats ne font que confirmer ceux obtenus par la première méthode.

Conclusion. — Il résulte de tous les faits précédents que réunir au printemps les ruches qui sont faibles, mais toutefois à couvain en masse ou en couronne serrée, n'est pas une opération profitable, parce que les expériences précédentes prouvent qu'il est fort difficile, sinon impossible, de prévoir au début de la saison si une ruche forte ne deviendra pas plus ou moins faible ou inversement.

Du reste, soit chez moi, soit chez mes voisins, nous appliquons depuis dix ans ces méthodes qui ne sont que la confirmation pratique des expériences précédentes.

III

EXPÉRIENCES SUR L'INUTILITÉ DE LA PLANCHE DE PARTITION

Nous extrayons ce qui suit d'un résumé des expériences de M. Gaston Bonnier.

« J'ai exposé dans la *Revue internationale* de février 1891 les expériences qui démontrent qu'un ou plusieurs cadres garnis de rayons produisent le même effet que la planche de partition au point de vue de la déperdition de la chaleur. Voici un court résumé de ces expériences : »

« Une première série d'expériences a été faite sur deux fortes colonies mises en hivernage dans l'un des ruchers de M. de Layens, en octobre ; à cette époque, les abeilles ne sortaient déjà plus, et la température qui descendait au-dessous de zéro pendant la nuit s'élevait encore sensiblement pendant la journée ; j'ai opéré par une suite de jours de beau temps, et par des variations régulières de température. Les précautions nécessaires étant prises pour que les abeilles ne puissent atteindre les réservoirs des thermomètres, je prenais pour chaque ruche trois thermomètres de précision et comparables. Le réservoir du thermomètre n° 1 était exactement placé au-dessus du groupe d'abeilles. Le thermomètre n° 2 avait son réservoir à la même hauteur, mais en dehors du groupe d'abeilles qui était isolé par une toile métallique. Entre cette toile métallique et le thermomètre n° 2, on pouvait placer soit un rayon, soit une planche de partition. Le thermomètre n° 3 était employé pour donner la température de l'air extérieur. »

« En alternant successivement la planche de partition et le rayon, j'ai trouvé que la moyenne de toutes les températures pour la première ruche était de 7°,86 avec la planche de partition et de 7°,88 avec le rayon. Pour la seconde ruche, j'ai trouvé que la moyenne de température était de 8°,44 avec la planche de partition et de 8°,46 avec le rayon. »

« Il en résulte que la température dans une ruche, prise au même point en dehors du groupe d'abeilles est identiquement la même qu'il y ait une planche de partition, ou qu'elle soit remplacée par un rayon. »

« Dans une autre série d'expériences et en opérant de même, sauf que je remplaçai un seul rayon par plusieurs et ainsi de suite alternativement, j'ai encore trouvé des moyennes de température sensiblement égales pour un rayon ou pour plusieurs. »

« D'autres expériences de contrôle ont été faites en remplaçant le groupe d'abeilles par une étuve à régulateur donnant une température constante, et en opérant de la même manière. »

« Ces expériences ont fait voir que ce n'est pas à une différence de consommation dans le miel par les abeilles qu'il faut attribuer l'égalité de température. »

« L'ensemble de ces résultats démontre donc l'inutilité de l'emploi des planches de partition principalement en hiver où leur emploi condense dans la ruche l'humidité si nuisible aux abeilles pendant cette période de l'année. C'est ainsi que dans beaucoup de ruchers on n'emploie plus les planches de partition ni en hiver ni en été. »

« Les expériences précédentes expliquent aussi pourquoi une faible colonie se développe tout aussi rapidement dans une ruche contenant beaucoup de rayons (qui sont autant de planches de partition naturelles protégeant le couvain) que dans une ruche n'ayant qu'un petit nombre de rayons. »

IV

EXPÉRIENCES SUR L'INUTILITÉ DES DOUBLES PAROIS POUR LES RUCHES

On dit souvent : des milliers d'apiculteurs ont adopté telle ou telle ruche, telle ou telle méthode, donc cette méthode et cette ruche sont bonnes. C'est ce que l'on pourrait dire pour recommander les ruches à double parois. Ce raisonnement est absolument faux. Par exemple, on pourrait appliquer cette manière inexacte de raisonner en disant que depuis les temps les plus anciens, tous les apiculteurs se sont bien trouvés de l'emploi de ruches petites; et cependant tout le monde est d'accord aujourd'hui pour recommander des ruches plus grandes. Ce genre d'argument est donc la négation du progrès.

J'ai cherché à me rendre compte par des expériences précises si la ruche à double paroi, si vantée de nos jours, était supérieure à celle très simple, plus économique et très facile à construire, dont les parois sont tout bonnement recouvertes de paillassons.

Expérience.

J'ai fait construire deux ruches en sapin du Nord, le meilleur bois pour cet objet. La capacité de ces ruches était rigoureusement la même, ainsi que l'épaisseur des parois. La première ruche a été entourée d'une enveloppe de bois de sapin de 10 millimètres d'épaisseur qui formait ainsi une ruche à double paroi. L'intervalle entre les parois a été, comme à l'ordinaire, rempli de balles d'avoine.

La seconde ruche a eu simplement des parois recouvertes de paillassons.

Les deux ruches avaient exactement la même épaisseur totale, soit 7 centimètres.

Sur chaque ruche, on a cloué un plancher et un plafond de même épaisseur.

Au milieu des plafonds, on a percé des trous de même diamètre, destinés à recevoir chacun un thermomètre.

HEURE des EXPÉRIENCES	TEMPÉRATURE EXTÉRIEURE	TEMPÉRATURE INTÉRIEURE de la RUCHE RECOUVERTE DE PAILLE	TEMPÉRATURE INTÉRIEURE de la RUCHE A DOUBLE PAROI
		1re expérience	
7 h. 1/2	+ 13,20	+ 4,50	+ 4,20
8 1/2	+ 15,40	+ 11,10	+ 11,80
9 1/2	+ 19,10	+ 15,00	+ 15,50
10 1/2	+ 21,60	+ 18,50	+ 19,10
		2e expérience	
2 h.	+ 14,50	+ 13,00	+ 13,30
3	+ 15,70	+ 16,10	+ 16,25
4	+ 17,30	+ 17,75	+ 18,10
5	+ 17,50	+ 18,35	+ 18,50
		3e expérience	
7 h. 1/2	+ 10,30	+ 7,00	+ 7,50
8 1/2	+ 12,20	+ 9,50	+ 9,50
9 1/2	+ 15,10	+ 12,30	+ 12,40
10 1/2	+ 19,20	+ 14,40	+ 14,60
11 1/2	+ 19,20	+ 15,10	+ 15,10
		4e expérience	
1 h.	+ 12,10	+ 8,10	+ 8,20
2	+ 11,00	+ 8,00	+ 8,00
3	+ 12,20	+ 8,75	+ 9,10
4	+ 15,10	+ 13,10	+ 13,10
5	+ 17,20	+ 15,75	+ 15,95
6	+ 17,75	+ 17,50	+ 17,55

A l'aide de ces thermomètres de précision, on pouvait facilement évaluer avec une rigoureuse exactitude la température. Un troisième thermomètre semblable aux précédents indiquait la température ambiante (1).

Parmi les séries d'expériences que j'ai faites, je n'en citerai que quatre, les autres ayant donné des résultats semblables.

Dans les deux premières expériences, les thermomètres sont restés dans la même situation, tandis que dans les deux suivantes on a croisé les expériences en changeant les thermomètres de place, le thermomètre placé en dehors des ruches restant toujours dans la même situation initiale.

Le tableau précédent indique les températures prises à la même heure dans la chambre où étaient placées les ruches après leur exposition à l'extérieur, et dans chacune des ruches.

Ces nombres font voir que la ruche à double paroi et la ruche garnie de paille, quelles que soient les circonstances qui ont fait varier la température, se rapprochent ou s'éloignent de la température extérieure d'une manière presque rigoureusement identique.

On peut donc conclure qu'à égalité d'épaisseur, la paroi de la ruche garnie de paille est aussi mauvaise conductrice que la ruche à double paroi. Si l'on objectait que la paille s'use vite, je me contenterais de faire remarquer que j'ai des ruches avec paille depuis 20 ans et j'attends encore pour la remplacer que la paille soit usée.

On doit déduire de ces expériences qu'il ne faut pas compliquer les ruches et les rendre plus chères en les faisant à double paroi, ce qui est de la plus complète inutilité.

(1) Ces thermomètres provenaient du cabinet de physique de la Sorbonne à Paris et ont été mis à ma disposition par M. Bouty, professeur de physique à la Sorbonne.

V

EXPÉRIENCES SUR LA CONSERVATION DES MIELS

Il y a des apiculteurs qui extraient le miel des rayons à l'extracteur sans attendre que les abeilles aient operculé le miel; ils prétendent qu'ils obtiennent ainsi du miel aussi bon et se conservant aussi bien que le miel retiré par ceux qui attendent pour l'extraire qu'il soit operculé dans les rayons.

Dans les années exceptionnellement sèches, j'ai vu quelquefois les abeilles récolter du nectar qui à ce moment ne contenait déjà presque plus d'eau, et les abeilles alors pouvaient l'operculer presque tout de suite; mais ce cas est rare, et généralement il faut quelque temps pour que la chaleur de la ruche fasse évaporer l'excès d'eau en vapeur que les abeilles chassent au dehors par une active ventilation.

Quoi qu'il en soit, tous les praticiens recommandent les grandes ruches, afin que les abeilles puissent y trouver l'espace nécessaire pour emmagasiner tout le miel qu'elles peuvent récolter pendant la saison. On peut attendre alors que le miel soit operculé et ne faire qu'une seule récolte dans l'année, si on le désire.

Au commencement de septembre 1890, j'ai fait une expérience comparative à propos des miels operculés et non operculés qui prouve que les premiers sont infiniment supérieurs aux seconds.

Pendant la récolte, j'ai extrait le miel non operculé de quelques rayons, puis après avoir désoperculé les cellules de ces mêmes rayons j'en ai extrait de nouveau le miel.

J'ai rempli de miel non operculé 12 pots de grès munis de couvercles recouvrant simplement les pots, j'ai rempli de même 4 bocaux de verre dont les couvercles fermaient hermétiquement.

Une égale quantité de miel operculé a été placée dans les mêmes conditions que le miel non operculé.

J'ai noté l'état comparatif de ces miels.

1° Dans le courant de septembre, le miel operculé commence à se troubler dans toute la masse.

Le miel non operculé ne commence à se troubler que dans la partie inférieure des vases.

2° Dans le courant d'octobre, le miel operculé est presque entièrement pris en grains fins dans toute la masse, le miel non operculé commence à cristalliser en gros grains dans le bas des vases et de moins en moins depuis le fond jusqu'à la partie supérieure, qui est encore tout à fait liquide.

3° Dans le mois de janvier, le miel operculé est complètement cristallisé dans toute la masse en grains très fins et le dessus des pots est parfaitement sec.

Le miel non operculé est aux 9/10 cristallisé en gros grains et en flocons entremêlés de veines de miel encore liquide dans toute la masse. Le dessus des pots est recouvert d'une légère couche cristallisée sous laquelle on trouve du miel liquide et peu épais. En prenant de ce miel avec une cuiller, on reconnait que la partie liquide contient de gros cristaux de miel. En avril, les miels operculés et non operculés ont la même apparence.

En résumé, il résulte des observations précédentes que le miel operculé a pris rapidement et pouvait être vendu comme miel de longue conservation ; tandis que le miel non operculé n'a jamais pris complètement et qu'il n'était pas vendable.

J'ajoute que dans le courant de l'été, les miels non operculés, placés dans les pots de grès, ont commencé à fermenter, tandis que les miels extraits des cellules operculées n'avaient pas fermenté.

Si cependant l'apiculteur est obligé, pour une cause quelconque, de récolter son miel avant que la plus grande partie des cellules ne soient operculées; voici la méthode qu'il devra suivre. Le miel extrait sera versé dans un grand vase épurateur beaucoup plus haut que large; on y laissera séjourner le miel plusieurs jours, jusqu'à ce que toutes les parcelles de cire qu'il peut contenir soient montées à la surface du liquide. Dans cet état, le miel qui contient le plus d'eau se trouvant à la surface, on soutirera par le robinet du bas la plus grande partie du miel; c'est celui qui sera bon pour la vente; le surplus sera conservé pour la consommation de la maison ou pour en faire de l'hydromel ou du vinaigre.

Les meilleurs pots pour la conservation du miel et sa rapide cristallisation sont ceux en grès ou en terre simplement recouverts de couvercles. La place la plus convenable pour la conservation du miel et sa prise rapide est une chambre sèche avec un courant d'air qui la traverse constamment. Un grenier est excellent pour cet objet.

Certains miels restent quelquefois longtemps sans prendre; ce sont souvent les plus fins et les meilleurs comme le miel de sainfoin. Si on désire activer leur critallisation, il faut ajouter dans les pots un peu de vieux miel cristallisé et mélanger le tout ensemble. J'ajouterai enfin que le miel se cristallise souvent plus vite dans de grands vases que dans des petits.

VI

SUR LE CHOIX D'UNE RUCHE A CADRES

I. — **Comparaison des ruches vulgaires et des ruches à cadres.**

On a reconnu de tout temps que les abeilles prospéraient très bien dans les grandes ruches vulgaires en forme de cloche que l'on rencontre dans nos campagnes; il n'est pas rare, en effet, dans les régions mellifères, d'en trouver à la fin de la saison du poids de 80 à 100 livres. Si les abeilles réussissent si bien dans ces ruches, c'est parce que ce sont celles qui se rapprochent le plus de la forme que prend un essaim naturel qui travaille à l'état libre.

Dans ces ruches, les rayons y sont grands, plus hauts que larges, et sans solution de continuité; il s'en suit que la ponte de la reine s'y développe rapidement au printemps, ce qui hâte la sortie des essaims; pendant l'hiver, la réserve du miel se trouve au-dessus du groupe d'abeilles et sur les côtés, il s'en suit que l'hivernage s'y fait dans les meilleures conditions. Le seul défaut de ces ruches, c'est qu'il est fort difficile de récolter le miel sans faire périr les abeilles; de plus, le miel obtenu en brisant les rayons est toujours de qualité inférieure. C'est pour ces raisons, et pour beaucoup d'autres qu'il serait trop long de discuter ici, que l'on a inventé les ruches à cadres mobiles où toutes les difficultés précédentes sont vaincues avec facilité.

On a construit toutes espèces de ruches à cadres, et chaque jour on en imagine de nouvelles, très souvent moins bonnes que les anciennes.

Pour qu'une ruche à cadres soit bonne, elle doit avant tout posséder toutes les qualités des grandes ruches vulgaires et l'on sera sûr alors que les abeilles y prospèreront aussi bien.

Les rayons doivent donc y être grands, n'offrir aucune solution de continuité, et être plus hauts que larges, mais dans la pratique, on a reconnu que le cadre carré, pourvu qu'il soit suffisamment grand, donne aussi de bons résultats. De plus, les ruches ne doivent contenir qu'une rangée de rayons, comme dans les ruches vulgaires, afin que les abeilles s'y trouvent toujours en un seul groupe, comme à l'état naturel.

La seule ruche à cadres qui remplit à la fois toutes ces conditions, est la ruche horizontale à grands cadres, plus hauts que larges ou à cadres carrés et qui sont disposés dans le corps de la ruche sur un seul rang.

II. — **De la capacité des ruches.**

Nous venons de démontrer que les ruches à un seul rang de cadres sont les meilleures, parce que ce sont les seules où les abeilles travaillent comme dans les ruches vulgaires. Cherchons maintenant par la pratique à déterminer leur grandeur.

Des apiculteurs ont imaginé des calculs fort ingénieux pour déterminer la grandeur à donner à ce qu'on appelle le nid à couvain, c'est-à-dire à l'espace nécessaire à la reine pour développer toute sa fécondité. Cette capacité étant trouvée, ils y ont ajouté l'espace nécessaire pour la récolte du miel.

A mon avis, tous ces ingénieux calculs sont inutiles et même nuisibles, parce qu'ils font croire à des difficultés qui n'existent pas lorsque l'on s'en rapporte simplement aux lois de la nature.

Pour connaître la capacité à donner à une ruche en pays mellifère, j'ai suivi une méthode différente; j'ai tout simplement comparé entre elles les ruches vulgaires de nos campagnes suivant leur capacité, et j'ai donné la préférence à la capacité de celles qui donnent les plus gros essaims.

Dans une remarquable statistique apicole des Pyrénées-Orientales, département qui possède plus de 19.000 ruches de toutes grandeurs et où l'on trouve le poids des essaims pour chaque grandeur du ruches, on constate :

1° Que les ruches de 30 à 35 litres donnent des essaims du poids de 2 à 3 kilogrammes ;

2° Que les ruches de 40 à 60 litres donnent des essaims du poids de 3 à 4 kilogrammes;

3° Que les ruches de 80 à 150 litres donnent des essaims du poids de 5 à 6 kilogrammes.

Or, tous les apiculteurs sont d'accord pour reconnaître que les ruches qui fournissent les plus gros essaims sont celles qui rapportent le plus de miel; donc, dans toutes les régions mellifères, les ruches doivent avoir au moins 80 litres.

Que les ruches possèdent une capacité de 80 ou 150 litres, les essaims ne seront pas supérieurs à 5 ou 6 kilogrammes, ce qui prouve que pour que les reines puissent développer toute leur fécondité, cette capacité de 80 litres est suffisante dans des régions assez mellifères; mais dans celles où l'abondance des plantes mellifères est exceptionnelle en certaines années, cette capacité ne sera plus suffisante pour emmagasiner tout le miel que ces grandes populations peuvent récolter. On devra alors avoir des ruches de 100 à 150 litres.

Les ruches ne devront pas être trouvées trop grandes quand même les rayons ne seraient, à la fin de la saison, qu'aux deux tiers pleins de miel operculé. Il ne faut pas oublier en effet que, lorsque les abeilles recueillent le nectar des fleurs, elles sont obligées de le disséminer provisoirement sur une grande étendue de rayons afin d'en faire évaporer la majeure partie de l'eau; les abeilles reportent ensuite dans le haut des rayons le miel arrivé au point voulu de concentration. Cette surface de rayons dépourvue de miel et qui semble perdue a donc eu son rôle nécessaire au moment de la miellée; cette place inoccupée à la fin de la saison doit donc exister dans toute bonne ruche, et ce serait une erreur grave de penser qu'elle prouve que la ruche est trop grande. En outre, il est reconnu que les abeilles hivernent mal dans les ruches trop pleines de miel, parce qu'elles sont obligés d'hiverner sur les parties des rayons qui ne contiennent pas de miel.

III. — **Comparaison des ruches à cadres horizontales et verticales.**

Toutes les ruches à cadres peuvent se diviser en deux catégories. Dans la première, tous les cadres sont dans une caisse sur un seul rang; dans la seconde, les cadres sont dans plusieurs caisses superposées les unes aux autres.

Dans la première catégorie, la récolte de miel se trouve dans les rayons placés d'un côté de la caisse; l'extrémité opposée sert aux abeilles pour élever le couvain et pour y placer leur récolte de réserve.

Dans la deuxième catégorie, la caisse du bas, qui est plus grande que les autres, sert à élever le couvain et à placer le miel de réserve pour l'hiver. Les caisses supérieures appelées *hausses* et que l'on place sur la caisse inférieure au moment de la récolte servent à emmagasiner le miel que l'apiculteur doit récolter.

Les premières ruches sont appelées *ruches horizontales;* les secondes sont appelées *ruches verticales* ou ruches à hausses.

Lequel des deux systèmes est-il préférable d'adopter ?

1° Dans les ruches verticales ou à hausses, on ne peut placer les hausses qu'au moment de la grande récolte, car si on ajoutait les hausses très tôt au printemps, la caisse du bas étant découverte pour la faire communiquer avec la hausse, toute la chaleur de cette caisse se perdrait dans la hausse placée au-dessus, ce qui est un grave inconvénient au printemps, époque souvent froide et pendant laquelle les abeilles sont obligées de développer beaucoup de chaleur pour faire éclore le couvain;

2° Si, par suite de négligence ou si l'on ne sait pas saisir le moment opportun pour ajouter les hausses, on met les hausses trop tard, et quand la grande récolte est déjà commencée, l'apiculteur perd alors beaucoup de miel, car le corps de ruche n'est pas assez grand pour contenir tout le miel que les abeilles peuvent récolter ;

3° Il arrive assez souvent que les reines montent dans les hausses, et lors de la récolte, au lieu de miel, on trouve à la fois du miel et du couvain dans les hausses, ce qui est un grand inconvénient;

4° Il arrive parfois, soit dans les années peu mellifères, soit dans les régions pauvres en miel, que la hausse contient suffisamment de miel, et la caisse du bas trop peu. Il faudrait donc, à l'automne, prendre des rayons de miel de la hausse, pour les placer dans la caisse du bas, afin de compléter les provisions d'hiver; or, c'est impossible, puisque les cadres des hausses ne sont pas généralement de la même grandeur que ceux de la caisse du bas. L'apiculteur est donc obligé de vendre le miel de la hausse afin de se procurer l'argent nécessaire pour l'achat de sucre destiné à nourrir ses abeilles, spéculation des plus mauvaises sous tous les rapports ;

5° Dans les années mellifères, on doit ajouter de secondes hausses sous les premières lorsque ces dernières sont aux trois quarts pleines; mais comme toutes les hausses à la fois ne sont pas pleines au même moment, il faut une surveillance constante du rucher pour placer successivement les hausses ;

6° Si dans le cours de la saison, on désire visiter une colonie, le travail est long et compliqué à cause des hausses placées sur les ruches;

7° Enfin, il va sans dire que les ruches à hausses ne se prêtent pas à la méthode exposée plus haut où l'on trouve avantage à faire construire un certain nombre de rayons par les abeilles.

Tous les inconvénients précédents sont supprimés à l'aide des ruches horizontales, en effet :

1° Il n'y a aucun danger de refroidissement de la ruche en agrandissant la ruche sur le côté, puisque la partie occupée par le couvain n'est pas découverte;

2° On peut agrandir les ruches dès le printemps, et toutes les ruches à la fois, quelle que soit leur force en abeilles, ce qui procure une grande économie de temps;

3° Si la récolte est mauvaise, le miel de réserve se trouve placé naturellement par les abeilles au-dessus de leur groupe, et l'apiculteur n'a aucun travail particulier à exécuter;

4° On peut, à toutes les époques de l'année, visiter facilement les colonies, puisqu'il n'y a jamais de hausses sur les ruches;

5° Si on désire faire travailler les abeilles dans des sections, on les place simplement dans les cadres de la ruche. *Mais il est reconnu qu'il n'est pas avantageux pour l'apiculteur de faire du miel en section, à moins que ces sections ne soient vendues à prix très élevé.*

En résumé, les ruches à hausses, malgré les quelques avantages qu'elles peuvent présenter, demandent pour être bien conduites beaucoup de travail et d'expérience apicole; tandis que les ruches horizontales, pour être bien conduites, demandent très peu de travail et d'expérience apicole. C'est donc cette deuxième ruche qui doit être adoptée par la masse des possesseurs d'abeilles. Quant à la construction de la ruche horizontale, elle est plus facile et plus économique que toute autre.

NOTE SUR L'ÉLEVAGE ET LA PRODUCTION DU MIEL

Il peut exister dans une même contrée des régions très mellifères et d'autres qui le sont très peu.

Dans une belle vallée couverte de prairies naturelles, de sainfoin et d'arbres de toute espèce, on pourra avec peu de travail récolter beaucoup de miel dans les bonnes années, et les abeilles trouveront encore dans les mauvaises assez de miel pour récolter leur provision d'hiver.

Non loin de ces régions favorisées, s'en trouvent souvent d'autres, où les plantes mellifères sont rares. Ici, la culture des abeilles doit être *entièrement différente* sous peine d'amener chez le cultivateur de cruelles déceptions. Au lieu de produire du miel, on devra multiplier les abeilles c'est-à-dire se faire *éleveur*. Dans ces régions, où le miel est souvent de qualité inférieure, il y aura toujours beaucoup plus de profit à vendre 15 à 20 francs une bonne ruche en paille de 40 à 50 litres de capacité que de chercher à tirer profit du miel qu'elle peut contenir en trop.

A mesure que les ruches à cadres deviennent d'un emploi plus général, l'apiculteur qui veut monter un rucher doit nécessairement acheter des colonies.

D'autre part, s'il cherche à récolter le plus de miel possible, il voit chaque année son rucher diminuer en nombre par suite de la suppression de l'essaimage; or, pour remplacer les ruches orphelines, il a tout intérêt à se procurer quelques colonies. Il fera mieux de les acheter loin de son rucher, afin que des croisements nouveaux empêchent les races d'abeilles de dégénérer. Donc, il n'y aura aucun inconvénient à ce que les pays d'élevage puissent se trouver éloignés des pays de production.

En résumé : *le miel pour les pays riches; l'élevage pour les pays pauvres.*

GEORGES DE LAYENS, à Louye (Eure), par Dreux.

Paris. — Imp. PAUL DUPONT, 4, rue du Bouloi, (Cl.) 53.2.92.

www.ingramcontent.com/pod-product-compliance
Ingram Content Group UK Ltd.
Pitfield, Milton Keynes, MK11 3LW, UK
UKHW021029260726
13994UKWH00005B/2042